U0167686

这是一本与众不同的自然观察游戏书。
通过这本书，你可以学习用不同于以往的方式倾听和观察那些生活在你周围的鸟儿。其实这一点儿都不难，即便你生活在城市里也到处可以看到小鸟。只要你悄悄靠近，就能探索它们的世界啦。
鸟儿带给我们美好的生活环境。它们在空中展翅飞翔，在树林里婉转歌唱……只要你抬眼一看，就能发现它们熟悉的身影。
如果城市里再也没有鸟儿啼啭，如果美丽的景区再也没有鸟儿点缀……你能想象这样的世界吗？不如让我们花点时间来认识一下身边的小鸟，好好地看看它们吧！
这本自然观察游戏书将带你更深入地了解鸟儿的世界，满足你的好奇心。读完这本书，你是不是也会为了保护鸟儿贡献自己的一份力量呢？

我的自然观察游戏书

动物篇·鸟儿

[法] 伊芙·赫尔曼●著
[意] 罗贝塔·罗基●绘
李璐凝●译

身边的鸟儿

通常，我们不会注意到身边的鸟儿，事实上它们无处不在。鸟儿已经适应了地球上的任何环境——无论是热带国家还是南极冰川，它们都可以生存。当然，不用走那么远，不管你住在什么地方，身边总会有鸟儿的身影。来做个调查吧，在你生活的地方你见过哪些鸟儿？

你见过哪种鸟儿，就在下面写上发现它（们）的时间和地点吧。

时间…………………………

地点…………………………

时间…………………………

地点…………………………

时间…………………………

地点…………………………

时间…………………………

地点…………………………

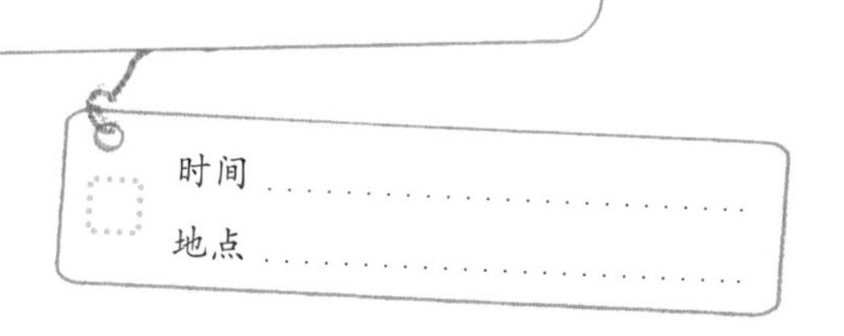

如果你是观鸟爱好者，可以参加观鸟协会定期组织的观鸟活动，也可以报名参加中国观鸟记录中心（www.birdreport.cn）组织的观鸟活动。当然，你也可以将自己的观察记录和照片上传到中国观鸟记录中心（注册后进入“用户中心”，点击“创建观鸟记录”就可以啦），同时你也会查到相关的鸟种分布、生活习性、形态特征和濒危等级等基本信息。

林中漫步

在离城市稍远一点儿的树林里，或者大一点儿的公园里，你会发现很多不同种类的鸟儿。快去找找看吧。

扫一扫二维码，听一听小鸟的歌声吧。

请剪下第 35 页的鸟儿图片，把它们贴在相应的位置上，再给四周的景色涂上颜色。

松鸦
大斑啄木鸟
旋木雀
鹪鹩（jiāo liáo）
灰鹡鸰（jí líng）

猜猜看

根据前几页的线索，猜猜它们都是什么鸟吧。

请剪下第 37 页的名称标签，把它们贴在正确的位置上。

❶ 我是一种小型鸣禽，我的身体是灰黑色的。当我展翅飞翔的时候，会露出漂亮的红尾巴！

❷ 我的羽毛黑白相间，肚子下面有一抹鲜红的羽毛。我生活在森林里。你还没有看到我就能先听到我的声音，那是用嘴敲击树干发出的声音，是我跟同伴传递信息的方式。

❸ 我的羽毛是白色和黑色的，个头挺大。在城市中（特别是公园附近）你常能见到我。我话很多，嗓门也很大。

答案： ❶赭红尾鸲 ❷大斑啄木鸟 ❸喜鹊 ❹鹡鸰 ❺小嘴乌鸦 ❻乌鸫 ❼松鸦

❹ 我是个头很小的一种鸣禽，有灰棕色的羽毛，很不显眼。我有点胖，总是高高地翘着小尾巴。我还很活泼，喜欢动个不停！

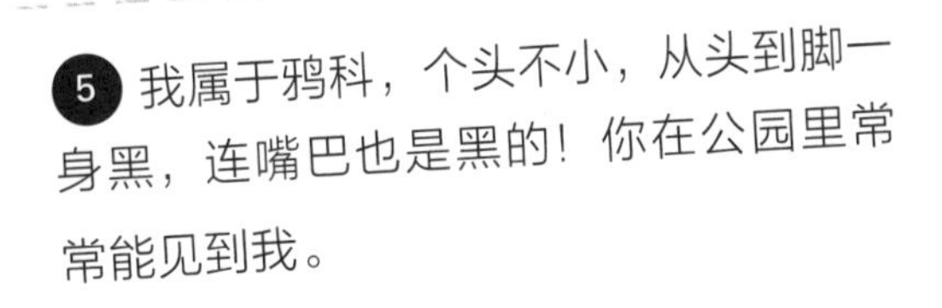

❺ 我属于鸦科，个头不小，从头到脚一身黑，连嘴巴也是黑的！你在公园里常常能见到我。

❻ 我也是黑色的鸟！不过，嘴巴是橘黄色的（只有雄鸟是）。我们这种鸟挺常见的，在地球上分布很广。我喜欢在地上走来走去，抓蚯蚓吃。

❼ 我非常漂亮，有绚丽多彩的羽毛：棕褐色的背，黑白相间的翅膀上点缀着黑、白、蓝三色相间的条纹。我喜欢橡树林，因为我爱吃橡果。

听鸟儿唱歌

要想观察小鸟，不用去很远的地方，因为它们就在你的周围。房屋前，花园里，上学的路上，都有鸟儿的身影。如果你看到了小鸟，别出声，静静地听它们鸣叫吧。

扫一扫二维码，听一听小鸟的歌声吧，你能分辨出它是哪一种鸟吗？

认真观察

想要认出一种鸟，你得仔细观察，并记录它们身体不同部位的颜色，包括顶冠、脸颊、背部、喉部、胸部和腹部。如果翅膀上有条纹，也要记下来哟。还要注意观察它们的身形、飞行的方式、在地上行走和蹦蹦跳跳的样子。

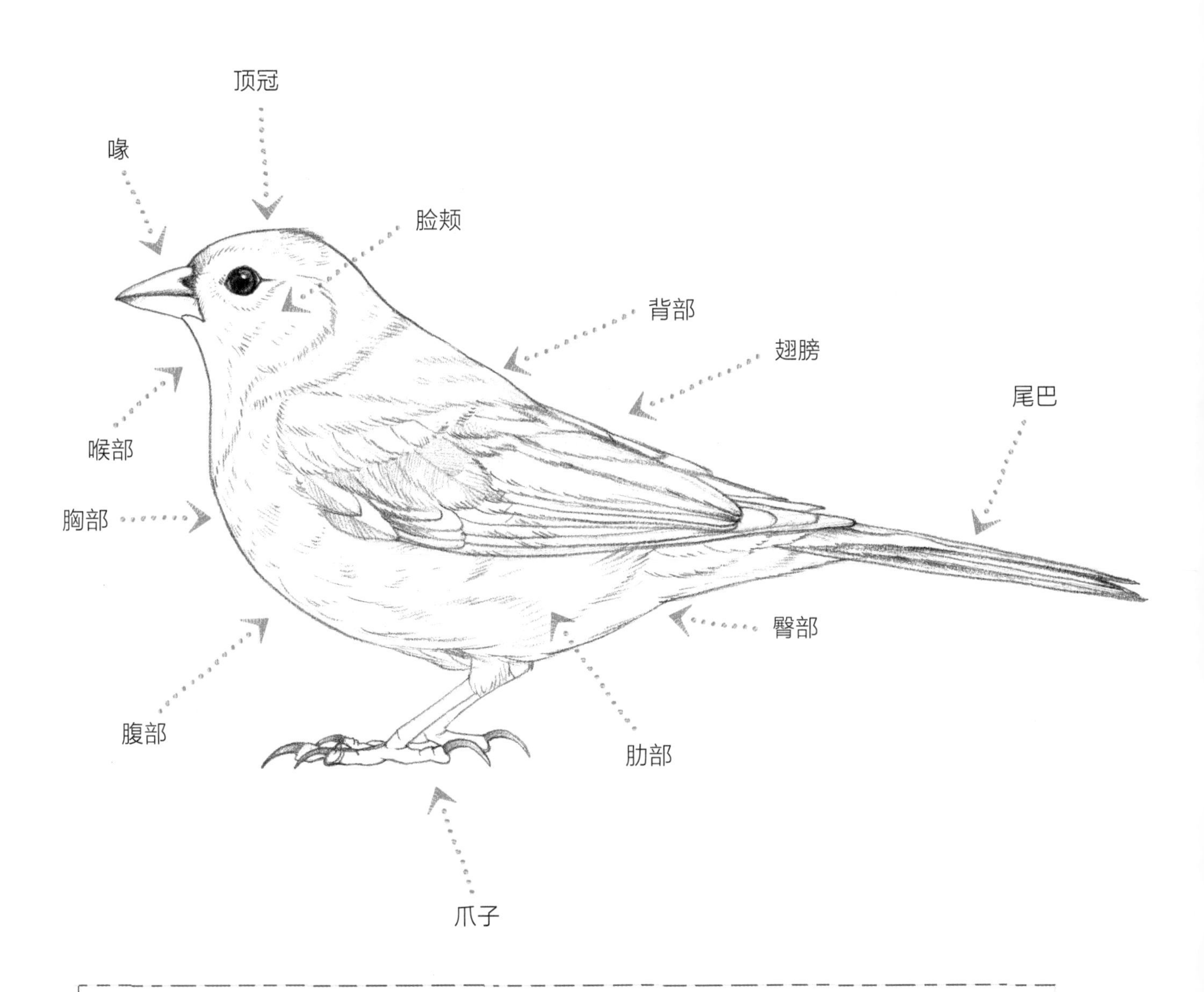

“瞭望自然”观察员！

“瞭望自然”项目由法国国家自然博物馆创立，是一项倡导所有人参与观察植物、鸟儿和昆虫的活动。大家收集到的观察结果可以帮助博物馆的专家了解我们周围自然环境的变化（即生物多样性的变化）。你也想成为一名小小观察员吗？那就赶快行动起来吧！

两种相似的鸟

要想分辨两种外形极其相似的鸟，可不是一件容易事。比如，家麻雀和树麻雀就很难分辨；再比如，所有种类的山雀都很难区分。

我们来做一个小小的观察游戏：对照下面的文字描述，仔细观察图中小鸟的不同特征。如果你认出它，就把它的名字写在标签里。

蓝山雀

- 整个胸部全是黄色的
- 双眼之间有一条黑线
- 蓝色的顶冠

大山雀

- 黄色腹部上有一道黑色纵纹
- 脸颊是白色的
- 黑色的顶冠

树麻雀

- 雌性和雄性长得一模一样
- 白色脸颊上有黑斑
- 黑色的喉部

家麻雀

- 雌性和雄性长相不同
- 雄性家麻雀的顶冠是灰色的，胸前有黑色色块

白天活动的猛禽

我们常会看到天空中翱翔的猛禽。当它们巡猎或巡视领地的时候，可以借助暖气流在空中盘旋。

仔细观察它们的身形，学习辨别不同种类的猛禽。

红隼（sǔn）

红隼是一种小型猛禽。它飞翔时翅膀扇动的速度很快。在草原、牧场、田野和公路上，我们常能看到红隼的身影。

雀鹰

飞翔中的雀鹰会露出长尾巴上灰棕相间的条纹。通常，它会快速鼓动翅膀飞一会儿，接着再滑翔一会儿。

红鸢（yuān）

红鸢安静地在领地上空盘旋，脑袋左右摆动，勘察领地。它的尾巴较长，是分叉的，非常容易辨认。

短趾雕

短趾雕的体型略大，头部较大，呈灰褐色。它飞翔的样子强健有力，还能悬停在空中。

游隼

游隼的头部较圆，呈灰黑色，白色脸颊两侧长有黑色的髭（zī）纹。它的翅膀向后弯曲，呈镰刀状。

普通鵟（kuáng）

普通鵟常常在高空中翱翔。它的尾部宽阔，展开后呈扇形。飞翔时，它会发出响亮的鸣叫声。

猫头鹰属于鸮（xiāo）形目猛禽，人们用“鸮”这个字为其命名，如灰林鸮、长耳鸮。它们头部宽大，嘴短而粗壮，前端呈钩状，头部正面的羽毛呈放射状，排列成脸盘，部分种类具有耳状羽毛。

请仔细观察下面的几只鸮，说说它们有什么不同，你知道它们的名字吗？

答案：1灰林鸮 2纵纹腹小鸮 3长耳鸮 4红角鸮 5仓鸮 6花头鸺鹠（xiū liú）

鸟儿与生态系统

地球上的各种生物彼此需要，相互制衡，生态系统就这样维持着精妙而脆弱的平衡。鸟儿与其他动物一样，在生态系统中扮演着自己的角色。让我们一起来看看吧。

请仔细观察这幅图：松鸦嘴里的橡果掉了，你知道它掉到哪儿了吗？然后，给四周的景色涂上颜色。

像莺或山雀这类以昆虫为食的鸟儿，会捕食大量的昆虫。这么一来，鸟类就能防止某些种类的昆虫数量过多，而那些数量本身就不多的昆虫才有更多繁殖的机会。

乌鸫这类以果实为生的鸟儿，可以四处播撒浆果和果实。

保护濒危鸟类！

过度开垦耕地、杀虫剂的滥用、天然草原和湿地的消失、过度城市化……人类活动对鸟儿的生存构成越来越严重的威胁。像麻雀这种需要筑巢繁殖的鸟，想找一个宜居之所生养宝宝已经越来越难了。红额金翅雀、欧金翅雀和金丝雀的数量都在逐年减少。

有的鸟儿能帮助森林再生。比如，松鸦会把许多橡果埋在土里，以备不时之需，可最终它只能找到十分之一。于是，那些被松鸦弄丢的橡果就会生根发芽，长成新的橡树。

还有一些鸟儿为其他动物提供了栖身之所。啄木鸟喜欢在树干上凿洞筑巢，而这些树洞也为一些小型动物，比如山雀、蝙蝠、斑鹟(wēng)、榛睡鼠、黄蜂……提供了住所。

难以置信的事实！

鸟儿常常有一些了不起的本领，实在是令人震撼。让我们来认识认识这些“身怀绝技”的鸟儿吧。

请剪下第 37 页的鸟儿图片，并把它们贴在相应的位置上。

斑头雁生活在亚洲。在迁徙途中，它会飞越喜马拉雅山脉。它能在距离地面 7 千米的高空中飞行。

游隼是俯冲速度最快的鸟，最快时速可达 300 多千米。发现猎物后，它会迅速从高空俯冲而下。

北极燕鸥每年从北冰洋迁徙到南极洲，往返跋涉可达 70000 千米，这简直就是在环游世界！北极燕鸥平均寿命为 30 岁左右，一生飞行的总距离相当于从地球到月球跑 3 个来回。

蜂鸟可以急速扇动翅膀，频率可达每秒 70 次，每分钟就是 4200 次！这个速度太快了，我们几乎看不清它的翅膀。蜂鸟还有一种特殊的本领——倒着飞，这是其他鸟儿都做不到的。这会消耗它很多能量，所以它每天吃下的食物可达自身体重的 1.5~3 倍。

翠鸟只需 2 秒钟就能完成俯冲一潜入水中一抓鱼一冲出水面整个捕鱼的过程！扎入水中之前，它的眼睛会自动覆上一层蓝色薄膜来保护自己。一旦发现目标，即便不用眼看，它也能迅速命中。翠鸟平均每 10次捕猎只会失手2次！

黑啄木鸟在觅食时，常用嘴敲击树干，每分钟可达 150 次。它的嘴每年会长 15 厘米，不然可能很快就被磨秃啦！

迁徙

每逢春天，鸟儿就会飞往温暖的地方，在那里筑巢和繁殖。到了秋天，为了躲避严寒和寻找更多的食物，它们又会离开。有些鸟儿迁徙距离较近，有些鸟儿选择了长途跋涉；有些鸟儿独自上路，有些鸟儿成群结队踏上征途，从早到晚，少有停歇。鸟儿能够感知地球的磁场，因此它们从来不会迷路。真奇妙呀！

家燕

法国的家燕需要飞行 6000 千米到非洲过冬。

白鹳（guàn）

在法国的阿尔萨斯省，白鹳在屋顶上筑巢安家，夏天过后就向非洲飞去。在迁徙途中，它们会避开直布罗陀海峡和伊斯坦布尔海峡，因为它们不喜欢在海面上飞行。

北极燕鸥

北极燕鸥在德国、英格兰北部和北欧国家的海岸上产卵繁殖。天气变冷后，北极燕鸥就会飞到南极，在那里度过夏天。

灰鹤

灰鹤在德国北部和斯堪的纳维亚半岛繁殖。如果天气暖和，它们会在法国过冬；如果特别冷的话，灰鹤就会飞到西班牙和非洲过冬。

请把每种颜色的圆点分别连成线，这样你就可以看出鸟儿的飞行路线啦。

注：书中插图地图系原文插图地图。

羽毛

鸟儿的身体上长满了羽毛。羽毛的种类不同，作用也不同。

让我们来看一看吧。

正羽

鸟儿依靠正羽飞翔。正羽很长，中间有一根坚硬的羽轴（羽毛中央的轴），一般左右不对称。鸟儿通过尾部的正羽来控制方向和保持平衡。

覆羽

鸟儿的身上长满覆羽，可以保暖、修饰体形，还能增添色彩。覆羽的羽轴比正羽的细。

绒羽

绒羽又小又短，羽轴很短。绒羽非常纤细柔软，与其他羽毛长在一起。绒羽是一种优良的隔热材料，能够为鸟儿保暖。

纤羽

纤羽细而长，上面分布着神经末梢。鸟儿通过纤羽感知周围的环境变化。

从春季到冬季，羽毛一直保护着鸟儿。如果你变成了小鸟，需要哪些东西来保护自己呢？是雪橇、雪地靴、防晒霜、温暖的毯子，还是厚厚的被子？

读一读，连连线。

A 雌性鸭子用小小的柔软羽毛填满它的小窝。这些羽毛就像一床羽绒被，既能保温又能保护蛋宝宝。

1 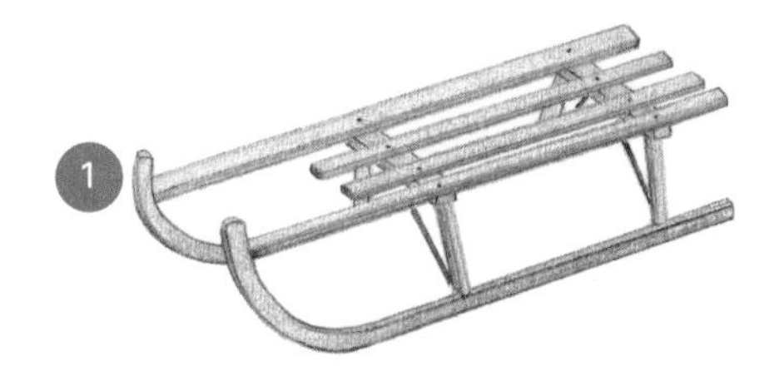

B 天冷的时候，鸟儿的羽毛会变得蓬松，这样温暖的空气就能留存在羽毛和皮肤之间了，从而起到隔热保温的作用。

2 

C 隼捕猎时会在烈日下飞行好几个小时，身上厚厚的羽毛能保护它们不受紫外线的伤害。

3 

D 雪鹀的爪子上覆盖着绒羽，使它能在雪地上轻松地行走。

4 

E 帝企鹅肚子上的羽毛很硬，光滑紧实，这让它能在冰天雪地里任意滑行！

5 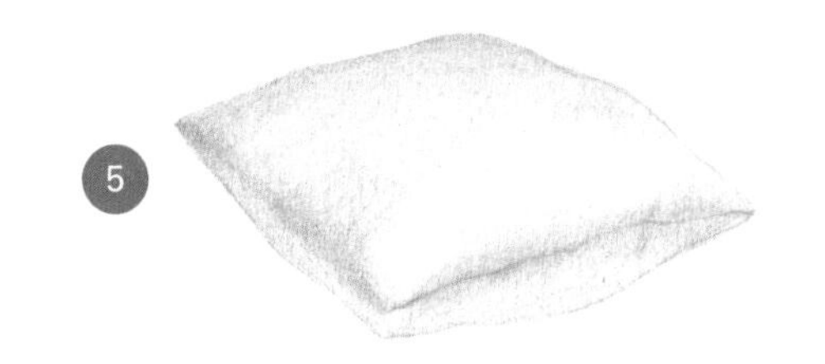

答案：A—5；B—4；C—3；D—2；E—1

辨认羽毛

瞧，这些羽毛多好看！出门散步的时候，你可以留意一下掉落在地上的宝藏——小羽毛。学一学辨认羽毛，这样你就能知道有哪些鸟儿来过啦。

请剪下第 37 页的羽毛图片，根据羽毛的颜色，把它们贴在弄丢羽毛的鸟儿身上吧。

不要把羽毛捡回去，你可以把它拍成照片或者画出来，这样更好！

发现时间……………………

发现地点……………………

把你发现的最漂亮的羽毛画在这里，
或拍成照片，贴在这里吧。

很多鸟类都是受国家保护的，所以我们不能收集它们的羽毛。如果你把地上的羽毛捡回去，就会有人怀疑你偷猎鸟儿。换个角度想想，如果别的小鸟或小型哺乳动物发现了这根羽毛，把它捡回去铺在窝里，那该多舒服呀！

鸟儿吃什么？

一些鸟儿只吃一种食物，但是像麻雀和海鸥，它们有什么就吃什么。每种鸟儿吃东西的方式都不一样，嘴的用处也不尽相同：有的能撬开谷壳，有的能发掘土里的虫子，有的能把抓到的猎物撕碎……

读一读，找一找。下面的选项说的是哪一种鸟呢？把它们连起来吧。

答案：A—5；B—3；C—4；D—1；E—2

请不要给鸟儿喂面包。因为面包中含有盐，盐对鸟儿是有害的。而且，对鸟儿来说，面包的营养是远远不够的，虽然能填饱肚子，却会让鸟儿营养不良。

如果你想投喂鸟儿，不妨试一试下面这些方法：

1. 收集车前草的种子。鸟儿很喜欢吃这种草种。燕雀、翠雀和朱顶雀会抓住草茎，把它推倒，然后啄食散落在地上的草种。要想种一株车前草也很简单：把种子播撒在一块空地上，再把土轻轻压实，浇水，几天后种子就会发芽。每一株车前草大约能结 25 粒种子。

2. 在花园或阳台种向日葵。夏天快结束时，花朵中央的葵花籽就成熟了，把它们收起来放在干燥的地方晾晒，到了冬天就可以喂给鸟儿吃了。你还可以把花盘保存下来，挂在树上。山雀特别喜欢吃葵花籽，它身手不凡，不费吹灰之力就能吃到花盘里的葵花籽。

给鸟儿喂食

在花园的高处，猫咪够不到的地方，挂一个食槽，很快你就能看到有鸟儿来吃东西了。天气特别冷的时候，你只需要在食槽里放一点儿食物就够了。不过在严寒或酷暑的天气里，鸟儿特别需要水，记得多给它们加点水。

请根据图中的提示，给鸟儿涂上颜色。

做一个食槽

制作材料：39 根冰棍棍、强力胶水、4 根 50 厘米长的绳子。

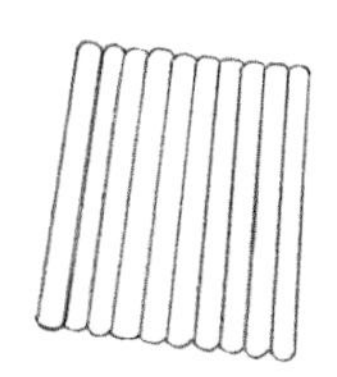

❶ 将 10 根冰棍棍并排粘在一起。

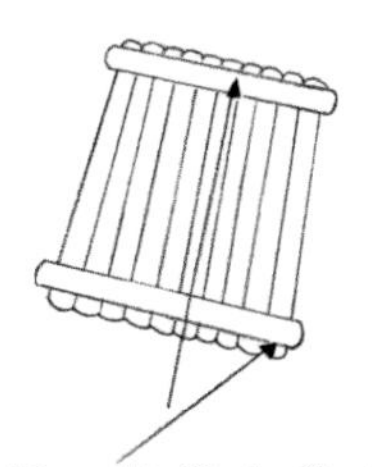

❷ 再用 2 根横向粘在上下两端，用力按压一会儿。

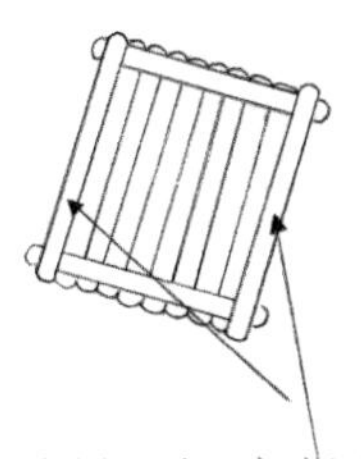

❸ 再用 2 根冰棍棍竖向粘在刚刚那 2 根的上方，组成一个闭合的四边形。

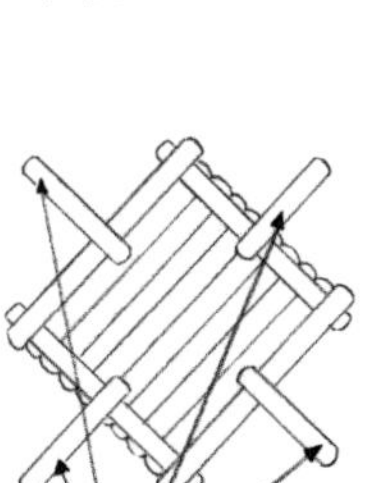

❹ 把 2 根冰棍棍切成两半，像这样分别粘在四边的中间位置。

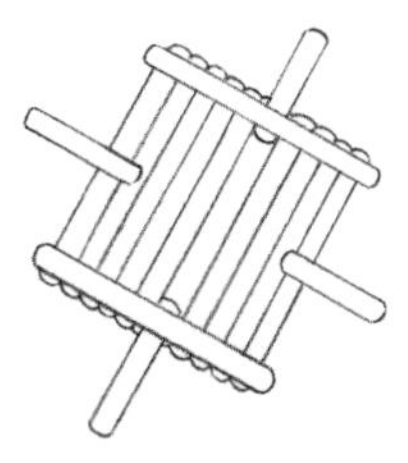

❺ 重复 4 次②、③的步骤，继续往上叠加冰棍棍。最后留下 7 根，为下一步做准备。

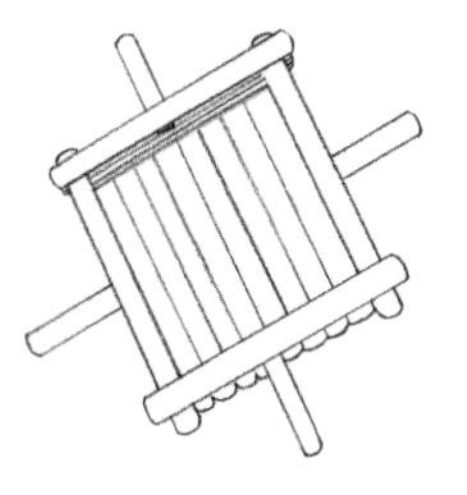

❻ 最终是这样的。

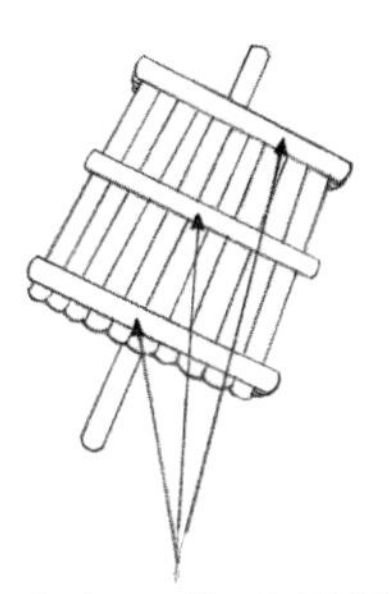

❼ 翻过来，背后再横向粘 3 根冰棍棍加固。

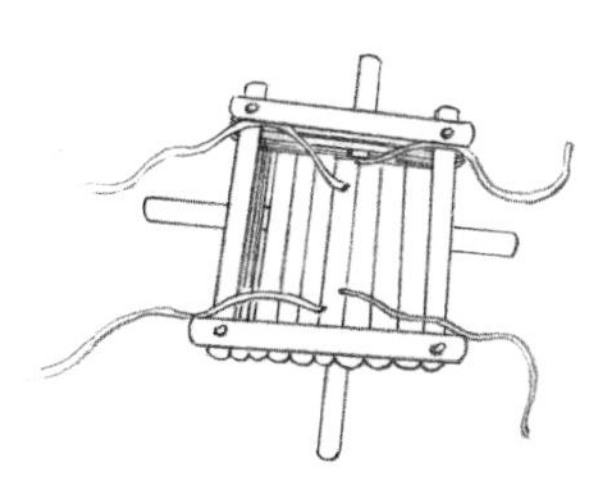

❽ 把 4 根绳子的末端像这样放好，在食槽四角涂上胶水。

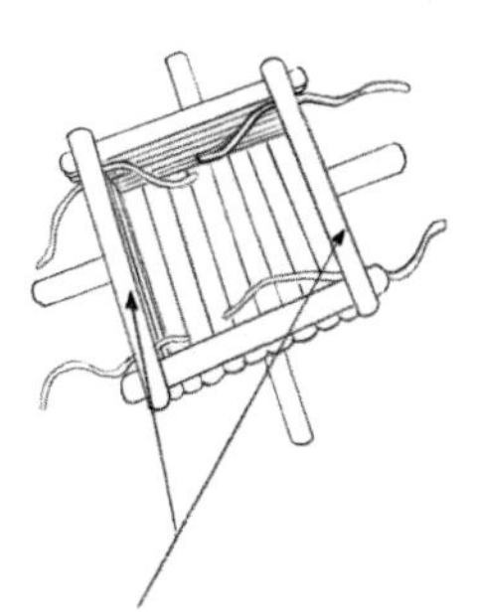

❾ 把最后 4 根冰棍棍粘在最顶层，将绳子固定。

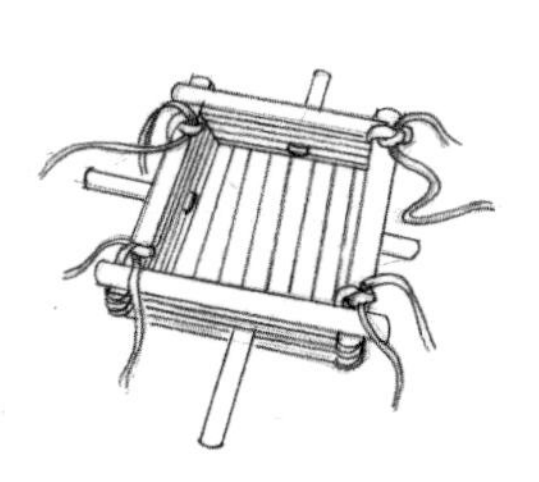

❿ 食槽完全晾干后，将每条绳子打结系好。

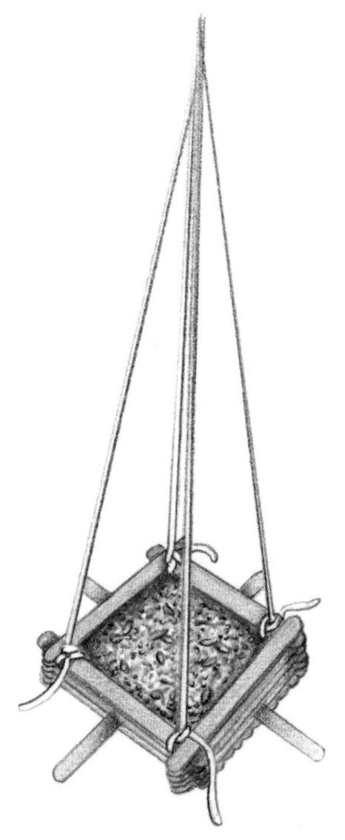

⓫ 把 4 根绳子拉直，系在一起，食槽就做好啦！挂好食槽，往里面装满种子吧！

鸟儿的一生

请剪下第 39 页的鸟儿图片，并把它们贴在相应的位置上。

1。求偶

为了吸引雌鸟，雄鸟会不遗余力地施展魅力：炫耀舞姿，展示漂亮的羽毛，给心上人送礼物等。

所以，雄鸟的羽毛一般比雌鸟的漂亮。

2。筑巢

雄鸟和雌鸟结为夫妇后，就开始筑巢。有时候，它们也会找现成的藏身之处，或者选择现成的鸟窝。

8。飞翔和离巢

在一个大晴天，鸟宝宝要练习飞翔啦！一开始，它们飞得不太稳当，接下来的几天里，鸟爸爸和鸟妈妈会一直陪着它们。幼鸟一旦离开鸟巢，就不再依赖父母生活了。到了来年春天，它们也要寻找伴侣了。

7。喂养

有的雏鸟一生下来就能睁开眼睛，羽毛也很丰满，已经做好了离巢的准备。它们两三天后就能自己捕食。这样的幼鸟叫“离巢性鸟”，比如鸡和鸭子。

还有的雏鸟生下来没有羽毛，什么也看不见，也不能自己捕食。它们一直待在鸟巢里，长到跟父母一样大的时候才会飞。这样的鸟叫“留巢性鸟”，比如知更鸟和山雀。

3. 交配

鸟儿每天能交配好几次，但每一次只持续几秒钟。

4. 产卵

雌鸟在巢中下蛋。鸟蛋里的胚胎会长成雏鸟。胚胎需要一定的温度才能发育。

5. 孵蛋

鸟儿会孵蛋，也就是坐在蛋上面，要持续很多天。一般情况下，雄鸟和雌鸟会轮流孵蛋。

6. 诞生

几个星期后，伴随着微弱的叫声，雏鸟慢慢地用嘴把蛋壳啄破，这个过程也要花上好几天的时间。

鸟窝

不同的鸟儿搭的鸟窝也不一样！有的把鸟窝搭在树洞里，有的搭在树干上，还有的搭在灌木丛里……不管鸟儿把鸟窝搭在哪里，只要能保护好鸟蛋就行。

请剪下第 39 页的鸟窝图片，并把它们贴在相应的位置上。

白腹毛脚燕

用唾液混合泥土，团成小球来搭窝。

白鹳

用树干和小树枝搭窝，它们喜欢把窝搭在烟囱里或高处的陡坡上。

戴菊

戴菊的窝是圆的，越往上越窄，最顶端的入口特别小。

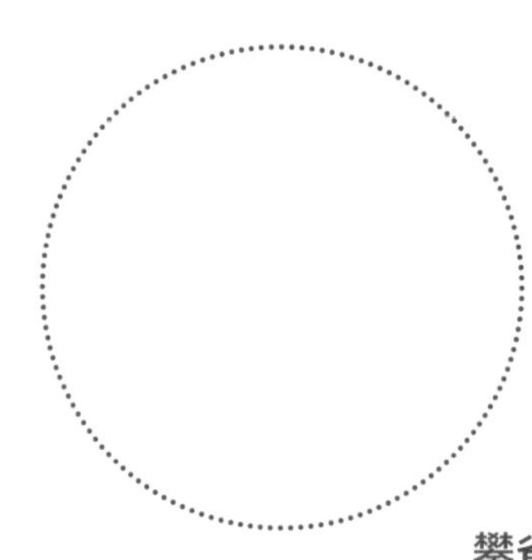

攀雀

攀雀的窝是梨形的，入口在最上方，就像是地道的入口。

翠鸟

翠鸟在河岸陡坡的洞穴中搭窝。翠鸟会挖一条长长的隧道，在隧道尽头的土洞里产卵。

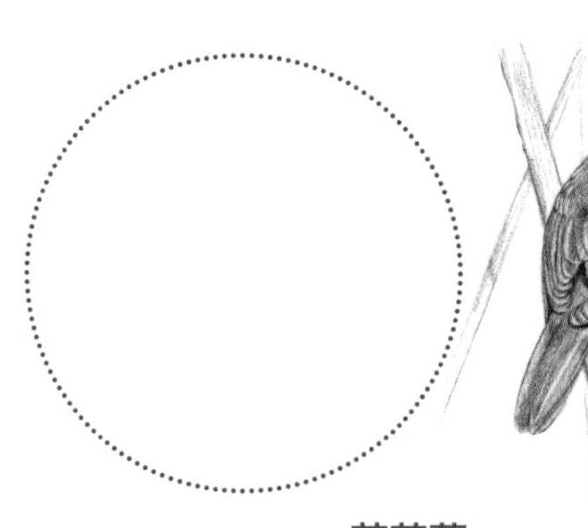

芦苇莺

用芦竹的枝干搭成的窝像一个篮子，可以挡风。

观察鸟窝

小鸟用各种各样的材料筑巢，树枝、树叶、苔藓，都是搭窝的好材料。金翅雀用矢车菊的绒毛搭窝，鹪鹩、燕雀、银喉长尾山雀用蜘蛛网搭窝。如果你发现了被遗弃的鸟窝，可以走近看一看，没准儿会发现很多意想不到的东西，比如棉纱、布条、塑料绳或几根毛线。

你发现的鸟窝是用什么做的？在下面说一说吧。

给知更鸟搭窝

有的鸟喜欢在树上安家，有的鸟喜欢在山洞里筑巢，而知更鸟却喜欢在特别奇怪的地方搭窝：旧靴子、喷壶、花园里的小棚屋、没关好的抽屉里，还有废弃的旧茶壶里……只要在花园里挂个旧水壶，或把它藏在树的枝丫间、灌木丛里，知更鸟就有了一个窝。

保护鸟儿，你也能尽一份力！

孔布岛

孔布岛坐落在法国勃艮第大区的勒克佐市，是亲近大自然的好去处。这里常举办给小鸟筑巢的工作坊活动。孩子们在父母的帮助下切割木板，再按照模型用木板搭建成鸟窝，最后把鸟窝挂在树上。

森林学校

2017 年，位于法国南部阿尔代什省尚博纳市的一个果树种植园开始筹划一个叫作“森林学校”的公益项目。孩子们可以在这里参加园艺工作坊活动，学习木工和地景艺术，制作陶器，玩各种各样的团队游戏……

这里曾经组织了一场“故事小剧场”的活动。组织者一边讲故事，一边用陶制诱鸟笛模仿不同鸟类的叫声；孩子们分别扮演不同的小鸟，吹响不同的诱鸟笛。

神鸟的智慧

从前，有一只神鸟，住在一棵最高、最古老的树上，它的智慧举世无双，它的歌声常在空中回荡。

神鸟能从世间万物中汲取智慧，人人都想把它据为己有。

有一天，国王轻轻抓住了它。神鸟对国王说："陛下，我给您讲个故事吧。如果您想把我留下来，听故事的时候可不能叹气。"

接着，它就开始讲了："从前，麻雀和燕雀想学唱歌。它们飞到树上，麻雀听见树的吱呀声，就停了下来，学着吱呀吱呀地歌唱。燕雀则继续赶路，把各种各样的歌声学了个遍。从此以后，我们总能听见燕雀从早到晚唱个不停。"

神鸟说着说着，就唱了起来，歌声是那么优美动听。国王听了，高兴地舒了一口气。

"陛下，你叹气了！"神鸟说着，就呼啦呼啦地飞走了……

没过多久，国王又抓到了神鸟。神鸟说："陛下，我再给您讲个故事吧。如果您想把我留下来，听故事的时候可不能叹气。"

接着，它就开始讲了："很久很久以前，大风刮得天昏地暗，那嘶吼呼啸的声音就跟飓风差不多。就这样刮啊，刮啊，也不知道刮了多少天。渔夫们没法去捕鳗鱼，日子越来越难过。一天，有一个渔夫在岸边走着，走着，看见一只风暴鸟——它用力扇动着双翅，掀起了狂风骤雨，掀起了惊涛骇浪。渔夫看风暴鸟离他不远，就假装摔了一个趔趄，倒在它身上，压折了它的翅膀。大风终于停了下来，渔夫又能抓鱼了，又能填饱肚子了，脸上也有了笑容。人们为鸟儿疗伤，让它以后别那么用力扇动翅膀，这样就不会有人伤害它了。渔夫们也很高兴，因为风力小了很多……"

"其实这些人心里只有自己！"国王叹了口气。呼啦！呼啦！神鸟又飞走了……

过了一阵子，国王又抓住了神鸟，又听它讲故事，又忍不住叹气……呼啦！呼啦！神鸟又飞走了。

国王终于明白了：神鸟的智慧来源于它的自由。

这个故事由玛丽 – 罗拉 · 皮卡尔改编自法比安 · 拉霍兹的散文集《蓝色翅膀的故事：鸟儿》（*L´aile bleue des contes : L´oiseau*，约瑟科尔蒂出版社，2009 年出版）。

第 4~5 页的图片

第 22 页的图片

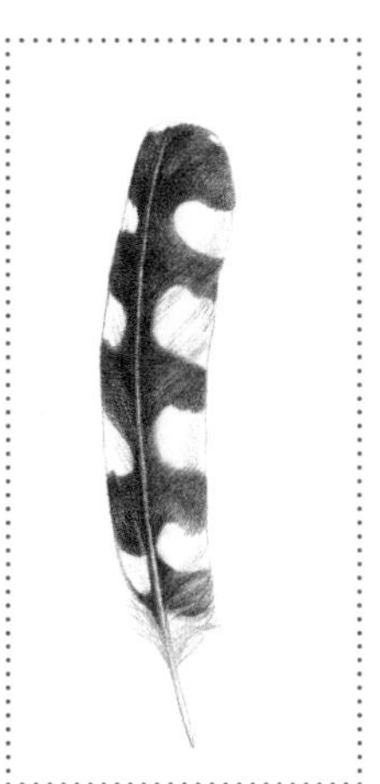
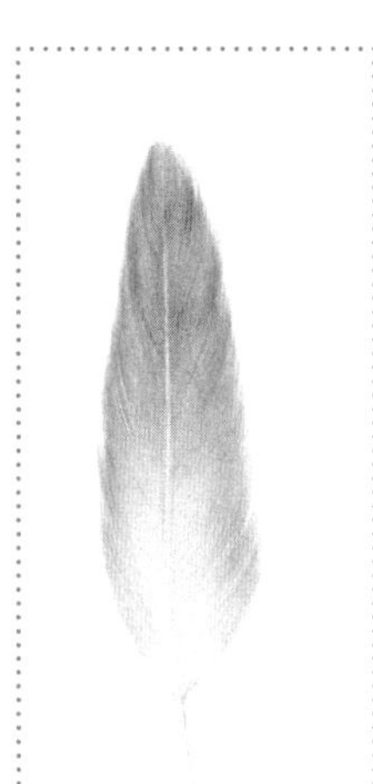

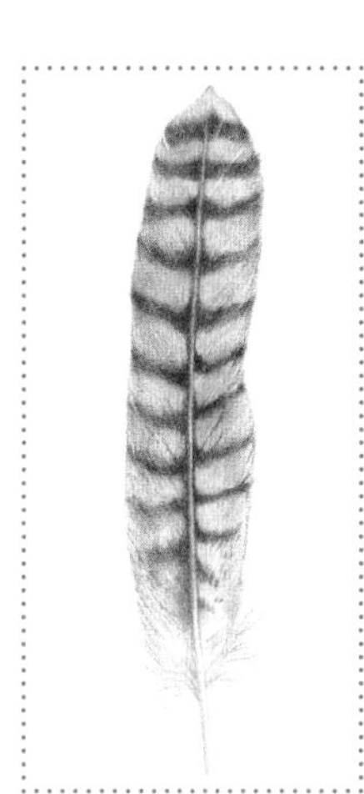
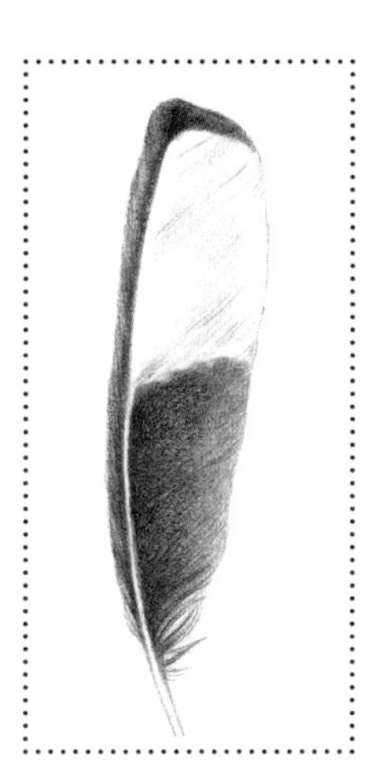

第 6~7 页的图片

松鸦

第 16~17 页的图片

第 28~29 页的图片

第 30 页的图片

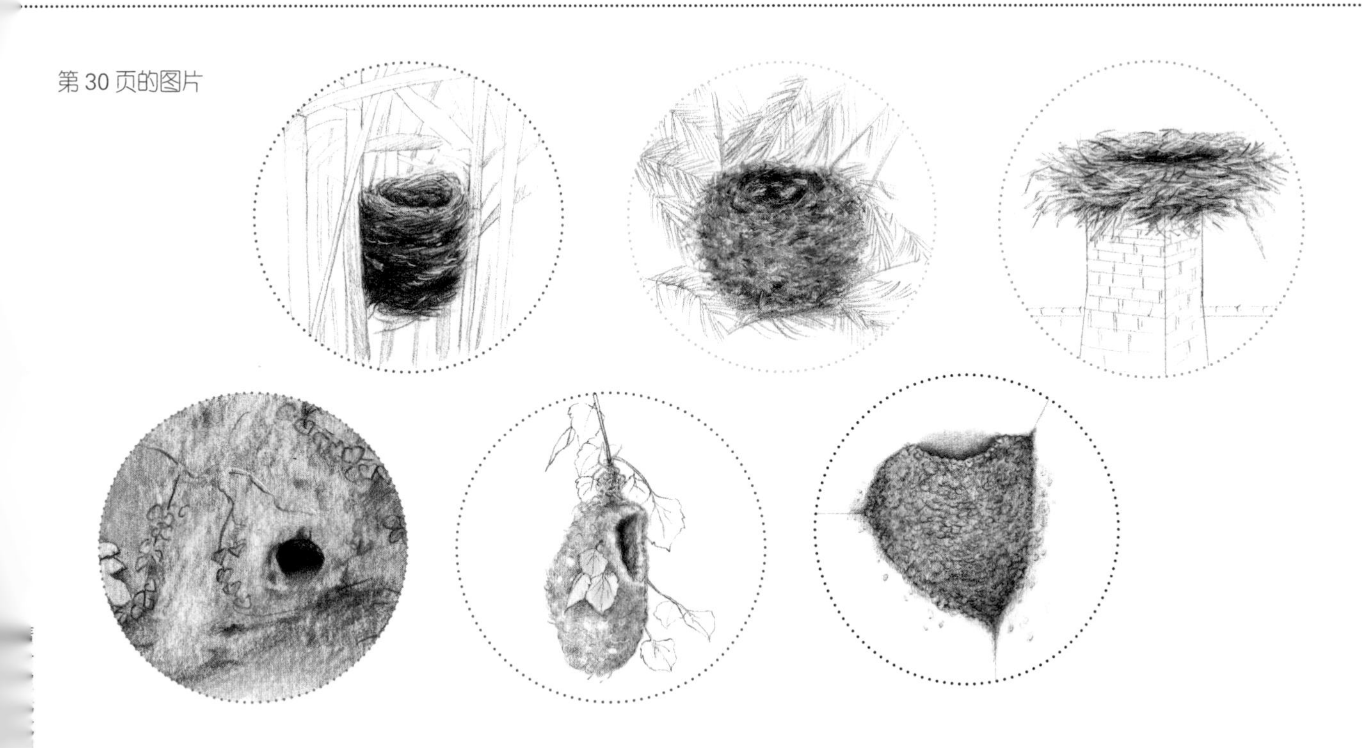

图书在版编目（CIP）数据

我的自然观察游戏书．动物篇：《昆虫》《鸟儿》《可怕的动物》/（法）弗朗索瓦·拉塞尔，（法）伊芙·赫尔曼著；李璐凝译；（法）伊莎贝尔·辛姆莱尔，（意）罗贝塔·罗基绘．—上海：上海社会科学院出版社，2020

ISBN 978-7-5520-3386-1

Ⅰ．①我… Ⅱ．①弗… ②伊… ③李… ④伊… ⑤罗… Ⅲ．①自然科学—少儿读物 Ⅳ．①N49

中国版本图书馆 CIP 数据核字（2020）第 234964 号

我的自然观察游戏书（动物篇）：昆虫　鸟儿　可怕的动物

著　　者：〔法〕弗朗索瓦·拉塞尔　〔法〕伊芙·赫尔曼
绘　　者：〔法〕伊莎贝尔·辛姆莱尔　〔意〕罗贝塔·罗基
译　　者：李璐凝
责任编辑：赵秋蕙
特约编辑：晋西影
封面设计：田　晗
出版发行：上海社会科学院出版社
上海市顺昌路 622 号　　邮编 200025
电话总机 021-63315947　　销售热线 021-53063735
http://www.sassp.cn　　E-mail: sassp@sassp.cn
印　　刷：鹤山雅图仕印刷有限公司
开　　本：889 毫米 ×1194 毫米　1/16
印　　张：8.25
字　　数：48 千字
版　　次：2021 年 2 月第 1 版　2021 年 2 月第 1 次印刷
审 图 号：GS（2020）6714 号

ISBN 978-7-5520-3386-1/N·007　　定价：119.80 元（全三册）